CÉLÉBRITÉS CONTEMPORAINES
ALFRED NAQUET
LITTÉRATURE
BEAUX-ARTS
SCIENCES
POLITIQUE

Exposé des motifs.

Messieurs

Lorsque, au cours de la précédente législature, l'un de nous obtenait de la chambre le vote de la loi du 1er juillet 1881, il exprimait nettement sa manière de voir à l'égard de cette loi.

Elle était loin de lui paraître parfaite ou même suffisante, mais elle lui paraissait réaliser un progrès considérable sur la législation de 1868. Ne voulant pas s'exposer à retomber sous le régime impérial, il demandait au parlement de fixer les résultats acquis, ajoutant qu'une fois le premier but atteint, il considérait comme un devoir de faire tous les efforts en vue de perfectionner l'œuvre à laquelle il contribuait.

A. Naquet

CÉLÉBRITÉS CONTEMPORAINES

A. NAQUET

PAR

MARIO PROTH

PARIS

A. QUANTIN, IMPRIMEUR-ÉDITEUR

7, RUE SAINT-BENOIT, 7

1883

ALFRED NAQUET

Imp. A Quantin

ALFRED NAQUET

ɴᴇ caractéristique de Naquet, écrivait Paul Strauss, a toujours été sa manie voyageuse. Il a campé un peu partout. Il a de l'apôtre et du prophète, et ce tempérament de prédicateur est une survivance hébraïque. Quelle onction chez cet athée, et comme il sait faire bientôt succéder la sympathie à l'hostilité!... Un sémite qui s'est débarrassé de l'hyperbole, qui s'est baigné au soleil de la Grèce, et qui s'est imprégné, dans le pays de Voltaire, de toutes les qualités de clarté et de bon sens de la race gauloise. »

Et nous, dans les *Vagabonds* qu'on nous pardonnera de citer parfois, car il n'est guère d'écrivain qui volontiers ne rabâche le premier livre de sa jeunesse : « Aujourd'hui plus que jamais, écrivions-nous (vers 1860), en ce siècle de synthèse et d'unité, la domination appartient aux intelligences encyclopédiques. Toutes les recherches de la pensée humaine, différentes et de forme et d'objets apparents, mais concourant toutes à un même but idéal, se prêtent un mutuel appui que des esprits prévenus peuvent seuls méconnaître ». Savant, artiste, philosophe, écrivain, orateur, politique, intelligence encyclopédique au premier chef, voyageur endiablé, Juif-Errant, Vagabond enfin à tous les titres, Alfred Naquet nous appartient donc. Il est un de ceux que nous avons racontés, ou devinés, vous l'allez bien voir.

C'est un enfant de Carpentras. En 1851, il a dix-sept ans. L'académie d'Aix lui confère ce premier *satisfecit,* où tant de jeunesses arrêtent leur minime effort, le baccalauréat ès lettres. Et il va commencer sa médecine au pays du

Médecin volant, dans la légendaire faculté de Montpellier. Mais Paris l'attire. Il y vient au plus tôt, et il y vit, avec son ami Cazot aujour-d'hui sénateur, hier et demain ministre, d'une modeste pension alimentaire. Modeste et suffi-sante : mais Naquet n'était point un petit Prudhomme, et il eut, comme tous les originaux, ses jours de bohème. « C'était, nous raconte Strauss à sa manière vivante et humoriste, en août 1855 ; un jeune homme, bizarrement vêtu, se promenait mélancoliquement à travers les rues de Lyon ; pantalon et gilet de velours noir usé, houppelande de velours déchirée, chapeau gris à longs poils, en forme de tuyau de poêle, mais extrêmement bas, de longs cheveux in-cultes tombant au-dessous des épaules, un je ne sais quoi qui tenait à la fois du bohème et du petit vieux. J'ai présenté Alfred Naquet, aux environs de la vingtième année, à une fin d'an-née scolaire parisienne, n'ayant pas de quoi continuer son voyage pour se rendre à Carpen-tras, et obligé de demeurer en gage, dans une misérable auberge lyonnaise. Notre étudiant, amené trop tard à Lyon pour prendre le ba-teau de la concurrence, sur lequel il avait espéré descendre le Rhône jusqu'à Avignon pour la

modique somme de deux francs, dut attendre
que l'ami Cazot lui eût envoyé vingt francs
pour payer son hôtel. Moyennant treize francs,
il put prendre le bateau à vapeur et débarquer,
avec cinq sous en poche, à Avignon où l'hôte-
lier connu de M. Naquet père l'hébergea, jusqu'à l'arrivée des subsides paternels. Sur ce
bateau se trouvait un montreur de singes. Naquet se mit à l'interroger sur le prix de ses
bêtes. La glace fut de suite rompue, et l'homme
du singe lui dit avec un sentiment de pro-
fonde sympathie : Oh! nous sommes donc
confrères! monsieur est comme moi artiste,
montreur de bêtes. » Point si sot, l'industriel,
qu'en dites-vous? Artiste, Naquet l'est à sa
façon, et autant que personne. Politique et savant, il est deux fois montreur de bêtes... Loin-
taines années! C'est alors qu'un de nos amis
vit Naquet détellant un gamin qui traînait une
lourde petite voiture, et la menant lui-même à
destination. Car il est bon, très bon, l'apôtre
du divorce. Et distrait aussi. Traversant un
jour une haie de voitures, il releva, pour passer, la tête d'un cheval, et, se découvrant, lui
dit : Pardon, monsieur! Et puis, il éclata de
rire.

En 1857, Naquet devient licencié ès sciences physiques. En 1859, docteur en médecine. Entre toutes les sciences qui concourent à cette vaste synthèse, la médecine, c'est la chimie qui a le plus attaché Naquet. Sa thèse : *Application de l'analyse chimique à la toxicologie* est signalée au ministre par le jury d'examen. Dès lors il décharge son père de tout sacrifice, et il gagne son pain en donnant des répétitions de chimie. Excellent répétiteur, il a formé plusieurs élèves dont le docteur Grimaux, aujourd'hui professeur à l'Institut agronomique et à l'École polytechnique, qui tous ont gardé de son entraînante parole le plus durable souvenir.

En 1860, il concourt pour l'agrégation en chimie. Sa thèse : *De l'allotropie et de l'isomérie* est une lueur soudainement projetée sur des questions obscures encore et controversables. Wurtz le chimiste, Gavarret le physicien votent pour lui. Mais une erreur dans l'épreuve pratique lui fait préférer M. Lutz. Nouveau concours en 1863, et cette fois triomphe complet. La thèse nouvelle, *Des sucres,* est une attaque haute et franche contre certaines idées fausses de Berthelot. Le jury est unanime, et voici Naquet nommé professeur agrégé à l'École de médecine. Nommé, oui; installé, non pas. Il est dans notre Université des us antiques. Un de ces us, récemment aboli, consistait à laisser deux ans à la porte de leurs cours les agrégés nouvellement nommés à l'École de médecine. Cela s'appelait : années de stage. Ils ne faisaient rien, et, chose bizarre, ils ne touchaient rien. La caisse leur demeurait interdite, comme la chaire. Ces deux années-là, Naquet s'en fut les passer au loin, travaillant comme un simple mortel, gagnant science, argent et gloire, sans respect pour l'us.

Auparavant il fit son entrée dans la politique militante. Maintes fois nous le rencontrâmes, enthousiaste et infatigable, dans les odyssées de ce comité roulant qui, en 1863, secoua Paris et sa banlieue encore à moitié abrutis. C'était l'époque fabuleuse où M. d'Haussonville nous présentait au quartier latin son jeune élève, Prévost-Paradol, en nous priant avec une grâce ineffable d'attacher son nom de candidat à notre chapeau d'électeur. Et puis Naquet partit pour Palerme. En ce temps-là, dans cette ville italienne, on ne célébrait pas l'éphéméride des *Vêpres siciliennes*. Mais on demandait à la France un professeur de bonne volonté pour y fonder à l'Institut technique national la chaire de physique et de chimie. Ce professeur fut Naquet. C'est à Palerme qu'il écrivit ses *Principes de chimie fondés sur les théories modernes*, où le premier il vulgarise la théorie atomique de son maître Wurtz. Trois traductions en anglais, allemand, russe, quatre éditions dont la quatrième en ce moment, indiquent assez la valeur de cette œuvre. A Palerme aussi il fit la synthèse de l'acide thymotique, acide nouveau qu'il préparait au moyen de l'essence de thym, et il en étudia les principaux dérivés. Lisez le récit de ses expériences aux *Comptes rendus de l'Académie des sciences* et au *Bulletin de la Société chimique* (1865).

En novembre 1865, Naquet rejoint son poste d'agrégé. En 1866, il fait un cours très brillant de chimie organique à la Faculté de médecine. Et nous le vîmes là, un jour d'émotion politique, fort entouré, coiffé de la toque et revêtu de la robe doctorale. Entre parenthèse, elles lui vont fort bien. On retrouve aussi dans les *Comptes-rendus de l'Académie des sciences* et le *Bulletin de la Société chimique*, au cours de la même année, ses travaux « sur l'acide formobenzoïlique et sa transformation par les agents réducteurs en acide alphatoluique, sur les dérivés bromés du camphre, les dérivés bromés de l'acide cuminique, etc., etc. »

Ici la vie de Naquet se dédouble. Sous le savant, par le savant, le politique a grandi. En politique comme en science, Naquet obéit à son tempérament développé par une éducation républicaine. Toute idée généreuse lui sourit *à priori*. C'est un libéral, — vieux terme excellent auquel on imprime aujourd'hui de bizarres déviations, — un libéral pratiquant, sinon toujours pratique. Volontiers il jette à l'opinion une formule nouvelle, aujourd'hui un paradoxe, parfois interné jusqu'à nouvel ordre dans l'île populeuse des chimères, mais souvent aussi la vérité reconnue du surlendemain. Et puis il part en guerre pour la dame, sa pensée. C'est un éclaireur aux pointes hardies, qui se rabat en temps utile sur l'avant-garde, quelquefois sur le premier rang du corps d'armée, jamais plus loin. Donc en 1867, avec Émile Acollas, professeur de droit, il organise à Genève le célèbre *Congrès de la paix,* auquel adhèrent tant d'illustrations européennes. « Je propose au Congrès, s'écrie Naquet, de ne pas se séparer sans un vote de

flétrissure à la mémoire de Napoléon Ier, le
plus grand malfaiteur du siècle. » Ceci est une
de ces formules nouvelles dont je parlais tout
à l'heure. Paradoxe hier, elle est aujourd'hui
une vérité bien établie. Paradoxe, malheureuse-
ment elle l'était encore, en ces temps de naïveté
relative, pour nombre de républicains. Parce
que Victor Hugo avait appelé le neveu « Napoléon le Petit », et parce qu'il avait témoigné à
l'oncle une indulgence parfois excessive, on se
croyait obligé d'admettre un Napoléon le Grand.

L'Homme de Décembre, lui, n'avait pour
l'Homme de Brumaire qu'une sympathie mé-
diocre. Il s'estimait un arrivé, et le tenait pour
un parvenu. En 1869, il ne célébra point le cen-
tenaire de son oncle, et sur la colonne il rem-
plaça par un César quelconque le Petit caporal
dont le chapeau et la redingote grise rappe-
laient trop sans doute, à lui et à tous, ses
grosses farces de jeunesse, Boulogne et Stras-
bourg. Mais le cri de Naquet retentit, formi-
dable, à son oreille. Il comprit qu'un des plus
grands méfaits reprochés au plus grand malfaiteur de ce siècle était l'invention de la
dynastie napoléonienne, et il jugea bon de si-
muler l'indignation. Puis la formule nouvelle

lui signalait en Naquet un combattant qu'il serait facile d'isoler des siens, un enthousiaste que l'on pourrait attirer dans un piège. Justement Bonaparte, qu'épouvantait le flot montant de l'opposition légale, commençait à éprouver le besoin d'une petite conspiration-réclame. Naquet et Acollas furent les victimes désignées. Un Hayot et un Godichet, agents provocateurs, se chargèrent de la chose. Ils arrachèrent à la confiance de Naquet une recette pour la préparation du fulmi-coton. Des proclamations furent rédigées, un soir chez Acollas, par Élisée Reclus, Delescluze et Versigny, frère du député. Elles visaient la dernière expédition de Rome. Imprimées à Genève, elles en revinrent tardivement, après Mentana, et quelques-unes furent saisies chez nos professeurs. On les arrêta; et le procès fut vite instruit. On leur adjoignit un journaliste, Verlière, et quelques obscurs, dont Hayot et Godichet. On alla jusqu'à douze, mais pas un de plus. Cela eût fait deux *Procès des treize* sous l'empire, et l'on eût trop ri. Delesvaux présida, ce fameux Delesvaux dont la fin tragique pendant le siège garde quelque mystère. On l'a suicidé, n'est-ce pas ? L'avocat général fut M. Lepeltier, petite personne sèche,

bien connue sur la rive gauche. Jules Favre
plaida pour Acollas, Crémieux pour Naquet,
et pour les autres plaidèrent Floquet, de Son-
nier, un ferme républicain, aujourd'hui député,
et M⁰ Gatineau, le même qui, le 26 jànvier 1882,
a renversé le tyran! En 1867, il qualifiait « sa-
turnales » le Congrès de Genève. Je viens de
relire ce procès dit « de manœuvres à l'intérieur,
et de société secrète ». Le truc était grossier. On
évita d'exhiber les témoins à charge. Jules
Favre, Crémieux, Floquet, furent éblouissants
de verve et d'ironie. Et Acollas, et Naquet
furent condamnés à quinze mois de prison.

L'empire avait eu sa petite conspiration ;
aussi se montra-t-il humain pour Naquet. Ma-
lade, il obtint la permission de subir sa peine
à la maison Dubois, puis à la maison Duval.
Ces quinze mois de prison furent quinze mois
de travail obstiné : collaboration au *Grand
Dictionnaire Universel*, au *Dictionnaire de
Chimie* de Wurtz, au *Moniteur scientifique*
du docteur Quesneville, le feuilleton scientifique de *la Tribune*, journal de Pelletan, le
feuilleton scientifique de *la Démocratie,* de
Louis Chassin ; enfin ce livre, tout de suite
célèbre : *Religion, Propriété, Famille.* Toute

l'idée maîtresse est dans ces lignes de la préface : « La forme sous laquelle s'est manifestée
l'idée socialiste, véritable expression du progrès, ne peut plus exister. Il lui faut une forme
nouvelle, scientifique, en harmonie avec les
justes exigences de notre époque. L'étude des
sciences a occupé la plus grande partie de ma
vie. Aussi ai-je cru pouvoir essayer d'imprimer au socialisme cette nouvelle impulsion. Ce
livre aura, je l'espère, le mérite de rendre évidentes des propositions repoussées jusqu'à ce
jour, faute de démonstrations suffisantes.
Puisse-t-il porter la conviction dans les âmes,
et concourir au progrès humain...! »

Il a, je le répète, un riche tempérament, notre
sémite méridional. Et il a la forme toute française, notre cosmopolite. Sa manière est chaude.
S'il ne convainc pas toujours, il n'ennuie jamais. Artiste quand même, il appelle à son aide
les anecdotes, les images, le pittoresque. Il
adore Victor Hugo, son grand maître et son
meilleur ami. Il lit et relit Alexandre Dumas
père. Il méprise le « naturalisme. » Le sentiment
le domine, lui, comme le maître socialiste,
Rousseau. Et, comme tous les artistes, il se contredit souvent. Il veut, vous l'avez entendu,

« faire passer la conviction dans les âmes », et dans son chapitre, *Religion,* il nie l'âme. Sur ce premier terrain, nous ne le suivons guère. Nous l'avons écrit ailleurs : « Nous sommes avec toutes les irréligions, même la spiritualiste, contre toutes les religions, même la matérialiste. » Et tout récemment encore : « N'ayant plus la foi, ce siècle n'a plus la quiétude, et, malgré tout, il n'a point encore la science. Entre celle-ci qui vient lentement et celle-là qui ne reviendra plus, il flotte. Il ne croit même plus qu'il croit, mais il sait bien qu'il ne sait point encore, que sans doute il ne saura jamais le fin mot de la création. » Quant à la propriété et la famille, sur la couverture du livre un trait d'union significatif les relie. Naquet a trop d'intelligence pour ne pas comprendre l'une, trop de cœur pour ne pas aimer l'autre. Il les veut transformer pour les éterniser. Il s'attaque à Proudhon, ce brutal, ce surfait, et nous lui crions : bravo! Il s'en prend à Michelet, ce poète, ce génie, et nous lui crions : casse-cou!

Le succès d'un tel livre était chose illicite. Aussi valut-il à Naquet, en mars 1869, une condamnation à quatre mois de prison, cinq cents francs d'amende, et la privation des

droits civiques à perpétuité, pour outrages à la
morale publique et attaques contre les droits
de la famille et le principe de la propriété.

Ces quatre mois, Naquet ne les fit pas. Il s'en
alla, correspondant du *Rappel* et du *Réveil,* au
pays des Espagnes. Tout juste il s'y trouva
pour l'insurrection républicaine de Septembre,
et il en fut. Quelques provinces le virent délé-
gué du comité insurrectionnel, et sa nomina-
tion au poste de Gobernador dans la ville de
Velasquez et de Figaro était chose décidée.
L'insurrection échoua, puis l'empire fit une de
ses amnisties, cocasses comme sa justice, et
Naquet rentra. Un autre us de notre Faculté
de médecine, non moins barbare que celui du
stage, est qu'une condamnation politique enlève
sa chaire à l'agrégé. Gobernador manqué,
professeur destitué, Naquet travailla, Naquet
écrivit une traduction de la *Chimie analytique*
d'Odling, les feuilletons scientifiques de *la
Marseillaise,* de la politique au *Rappel,* et
des articles au *Grand Dictionnaire Universel.*
Et l'autre Septembre, celui de France, arriva.

Un des premiers, Naquet entra au Corps législatif et à l'Hôtel de Ville, avec Lockroy.
Quelques jours après, nous le rencontrâmes

au ministère de l'intérieur, auxiliaire bénévole et précieux. Le 17, il partit pour Avignon, où sa candidature était posée. A tort peut-être le gouvernement retira son décret de convocation, et Naquet s'en fut à Tours, où Gambetta le nomma secrétaire de la commission d'étude des moyens de défense. Elle étudia, cette commission d'étude, où siégeaient avec Naquet MM. de Ponlevoy, commandant du génie, aujourd'hui l'un des membres les plus marquants de l'Union républicaine, Deshorties, lieutenant-colonel d'état major, président, Bousquet, chef d'escadron d'artillerie, Descombes, Dormoy, Marqfoy, ingénieur des mines. Elle donna dès novembre le conseil, tardivement suivi, de faire le vide autour de l'ennemi, en réquisitionnant les bestiaux et les fourrages, d'où advint pour la République une économie de dix millions en un mois. Elle examina vingt-quatre systèmes de transformation, rédigea des instructions aux troupes, obtint les camps d'instruction, indiqua cinq grandes opérations et réussit des expériences nombreuses. Elle eut quatre-vingts longues séances, et voyagea beaucoup. Ses écritures, fort considérables, étaient tenues par six secrétaires. Pour ses expériences

et ses voyages on lui donna quinze cents francs,
dont elle rendit cinq cents, ayant duré trois
mois et demi. Aussi tous les inutiles, les hobe-
reaux, les parfaits tabellions, ardélions, tatillons
et autres ruraux en qui se personnifia la France
de 1871, ne manquèrent point d'accuser de
concussion, dilapidation, malversation, spécula-
tion, ces savants qui avaient étudié, ces patriotes
qui s'étaient exposés. Elle est à lire, la séance
du 29 juillet 1872, où Naquet et Gambetta con-
fondirent les Basiles de la Commission des marchés. Elle est à lire, l'éloquence haute et em-
portée de l'un, l'éloquence méthodique, serrée
de l'autre. A lire les grossiers tapages de la
salle, et les anas des Lorgeril, et les interrup-
tions à ressort des Gavardie! Oh! la drôle
d'Assemblée que ça faisait, dans le théâtre des
Montespan et des Dubarry!

Aux élections de l'armistice, Naquet fut élu
en Vaucluse. Les puristes de Bordeaux décou-
vrirent des irrégularités dans le vote de ce dé-
partement, et ses cinq représentants démission-
nèrent. L'élection du 2 juillet 1871 envoya
Naquet à Versailles, et il s'inscrivit à l'Union
républicaine, cette extrême gauche d'alors.

Jusqu'ici nous n'avons eu de cette personnalité multiple, sorte de phare à feux tournants, que deux faces voisines et conjuguées, le Naquet savant, le Naquet révolutionnaire. Voici venir une face, ou si cette autre image vous plaît mieux, une incarnation nouvelle, le Naquet parlementaire. En celui-ci l'on retrouve aisément les deux autres. Quand un homme de cette valeur entre au Parlement, c'est pour s'y affirmer dans la plénitude de ses facultés, et au besoin dans l'exubérance de son caractère, alors surtout qu'il est orateur. Et Naquet, je le répète, a la parole imagée, charmeuse, d'allure originale et d'entraînement facile. Il a l'intelligence d'un vrai savant, ordonnée, prévoyante, progressive. Et il a le tempérament d'un homme d'action. Un temps court, nous le verrons osciller entre la direction de son intelligence et la poussée de son tempérament, puis l'équilibre s'établira. Il rentrera, pour ne la plus quitter, dans la méthode scientifique, et vite il deviendra l'un des hommes les plus considérables et les plus aimés de la République.

A peine validé, Naquet prit position dans la loi des conseils généraux, excellente contre les coups d'État. Il renvoya, nous l'avons vu, penaude, la Commission des marchés à son officine

de cancans. Il combattit pour le retour à Paris,
contre le pouvoir constituant de l'Assemblée,
contre l'établissement du Sénat, pour le scrutin de liste, pour l'impôt sur le revenu, le
droit d'association, et, chose toujours incom-
préhensible chez un homme supérieur, pour la
rengaine plébiscitaire et le répugnant système
du mandat impératif. Il demanda, car il était
au moins juste que cette demande.fût faite, la
saisie et la vente des prétendus biens de Louis
Bonaparte. Il proposa une réorganisation de
l'enseignement médical contre laquelle un seul
motif valable, mais suffisant, fut invoqué; son
auteur s'appelait Naquet. En 1875 enfin, il eut,
de complicité avec Madier de Montjau, Bou-
cher, Ordinaire, Esquiros, l'audace inénarrable
d'infliger à l'Assemblée de Versailles une première proposition d'amnistie. Et, avec demande
d'urgence! Si l'indignation fut générale, il vous
en souvient. O la terrible, ô la grotesque scène!
Et Naquet vit encore! Un instant ses amis
tremblèrent pour son mandat législatif.

Aux élections de 1876, Naquet se porta dans
deux circonscriptions : à Apt contre le bona-
partiste Silvestre, à Marseille contre Gambetta.
Dans la phocéenne cité, aujourd'hui intransi-

geante, nulle attaque ne lui fut épargnée, ni
aucune calomnie dans l'arrondissement d'Apt
Six semaines de brigue, c'est long. Il revit trois
fois chaque commune, et des jours advinrent
où il ne mangea point. Vainqueur en Vaucluse,
vaincu à Marseille, Naquet avait pris dans la
lutte, ou la lutte lui avait donné une attitude
passablement radicale. C'était en ces temps
candides un bien gros mot que celui-là : radical. Les feuillants l'acceptaient volontiers
comme un synonyme de démagogue, et Naquet
apparut aux parlementaires de 1876 comme une
sorte d'Hébert doublé d'une manière de Babeuf.
Cependant le besoin d'une extrême gauche se
faisait, paraît-il, déjà sentir. Nous étonnerons
peut-être la présente Montagne en lui rappelant
que son aînée hésita quelque peu à se former,
par peur de Naquet. Elle se forma enfin, et lui
concéda une butte sur ses sommets. Chez lui
le savant dominait encore. Jugeant avec tant
d'autres la bataille gagnée, il crut en bonne
statique à la nécessité immédiate d'un groupe
propulseur, en avant de Gambetta. Auteur de
tant d'expériences heureuses, il en voulut ten-
ter une nouvelle, dans le domaine politique.
Et il commença une campagne retentissante,

diversement appréciée. Lancé par un rédacteur du *Petit Journal,* le mot « opportunisme » avait conquis une vogue rapide, au grand détriment de la politique opportune. Encore une fois, rien n'est absurde et dangereux comme un mot en *isme.* C'est un gros mille dans une cible. L'opportunisme, nous l'avons esquissé dès 1868 [1]. Ce n'est autre chose que la reprise de la tradition, souvent interrompue, de ce grand parti des politiques « soutien des heures difficiles », qui naquit en France avec la politique elle-même, aux temps de la Ligue. Il n'y eut, il n'y a, et il n'y aura jamais, avec tant d'épithètes et d'affublements divers, que quatre partis : les « bons chrétiens », les « réduits », les « hérétiques » et les « politiques. » « Penser en hérétique, agir en politique, » tel nous paraît être le mot d'ordre de toute besogne efficace. Mais où s'arrête la pensée? où commence l'action? c'est ce que chacun détermine à sa guise. Et Naquet, dans cette campagne toute de bonne et loyale intention, ne crut point cesser d'agir en politique.

Il improvisa un journal, *la Révolution,* qui dura du 12 novembre au 13 décembre 1876. Il collabora aux *Droits de l'homme,* avec Yves

1. *Au pays de l'Astrée,* chap. VI.

Guyot et Sigismond Lacroix. Il intervint dans deux élections de province, celle de Constantine où son candidat fut battu par Thomson, de *la République française,* et celle d'Avignon où son candidat, Saint-Martin, l'emporta. Il fit en France un tour de propagande. On l'entendit à Nîmes et à Marseille avec Madier de Montjau, à Troyes avec Yves Guyot.

Vient le gentil Seize-Mai, tout à point pour éteindre, avec les illusions de Naquet, tant d'autres illusions de la France républicaine, qui passe en un jour de l'étonnement à l'irritation. Sur l'heure, Naquet écrit au *Radical* de Marseille une lettre célèbre, l'une des plus belles pages de sa vie politique. « L'union des 363, dit-il, c'est l'unique moyen de salut. » Aussi *le Radical* est-il condamné pour outrage au président de la République. Cette union indispensable et infaillible, Naquet en demeura « jusqu'au bout » l'un des plus utiles champions. Ainsi le jugeaient bien les conspirateurs, car ils mirent en jeu contre lui toutes les vilenies du vieux répertoire. On lui rejeta dans les jambes son ancien adversaire, Silvestre. Le préfet, le sous-préfet et les journalistes de Fourtou l'appelèrent loup déguisé en agneau, bête fauve masquée, massacreur, ivrogne. Les magistrats de De Broglie le diffamèrent. Intimidation, provocation, mensonges, force armée dans les salles de vote, boîtes à double fond, faux en écriture publique, rien ne lui manqua. On lui flanqua, pour toute la tournée électorale, deux gendarmes aux côtés, un commissaire de police par derrière. Il y eut plus de bulletins que de votants; et Silvestre se compta cinquante voix de plus que lui. Même chanson pour les autres députés républicains de Vaucluse, Poujade, Saint-Martin, Gent. Cela leur fit un congé de semestre. En mai 1878, Gent seul se retrouva un concurrent. Et tous quatre, bras dessus bras dessous, ils revinrent à Versailles.

Dans sa campagne d'extrême gauche, Naquet ne s'était pas un instant départi de la justice et de la déférence dues par tous les républicains sincères de France à celui d'entre eux qui s'appelait Gambetta. Lisez ce livre de Naquet, *la République radicale,* qui parut en 1873, œuvre alerte et vivante plus peut-être que *la Religion, la Propriété, la Famille,* et vous verrez si Gambetta et Naquet ont jamais pu cesser d'être en politique proches parents et bons voisins. « Je me propose, dit Naquet, de chercher quelle

est la seule forme de gouvernement logique,
quelle en doit être la constitution, et quelles
sont les réformes actuellement réalisables et
nécessaires. Il est bien entendu, d'ailleurs, que
je me tiendrai toujours dans l'absolu des principes, et que je n'entends engager en rien ma
liberté d'action. La politique est malheureuse-
ment le terrain du compromis ; l'homme d'État
est souvent obligé de choisir non pas entre ce
qui lui paraît bien et ce qui lui paraît mal,
mais entre ce qui lui paraît moins mal et ce
qui lui paraît plus mal. De là quelquefois la
nécessité pour lui de faire des concessions qui
n'empêchent pas ses convictions de demeurer
entières, et de se rallier à une solution impar-
faite qui permet d'attendre plus tard et plus
sûrement une solution meilleure. »

Et dans ce magnifique chapitre, *Unité et
Fédération*, les lignes suivantes ne semble-
raient-elles point écrites d'hier à l'adresse de la
Chambre décentralisante que nous a expédiée
le scrutin d'arrondissement du 21 août 1881 ?
« Quand chaque province, dit Naquet et aurait
pu dire Gambetta, agit à sa guise, pour son
propre compte, sans consulter les intérêts du
voisin, il y a gaspillage de force et de temps ;

l'unité le rend impossible. Restons donc dans la donnée de notre développement historique. Nous sommes la France une et indivisible, demeurons la France une et indivisible, et bornons-nous, en conciliant chez nous cette unité avec la République, à relever notre pays et à résoudre les plus grands problèmes politiques des temps modernes. »

La lutte, ou plutôt le débat, avait surtout porté sur des questions de tactique. Gambetta estimait que le moyen d'éviter la crise ou de la surmonter, c'était la temporisation vis-à-vis du Sénat. Naquet demandait qu'on marchât droit à l'ennemi. Le 16 mai, l'auteur de la *Politique radicale* jugea qu'en face du maréchal toujours président, et du Sénat non renouvelé, la politique de concorde était seule possible et féconde. Cette politique opportuniste ou opportune, l'événement l'a sanctionnée, et l'opinion l'a baptisée : politique des résultats. Elle est dès lors apparue aux patriotes comme la seule valable. Avec eux Naquet pensait, il y a un an, et à nous il disait « que Gambetta résume l'une des étapes obligatoires du progrès républicain, et que son élimination ne profiterait qu'aux modérantistes. » La comédie du 26 janvier ne lui a point donné tort.

Les intransigeants — ce mot serait bien plus critiquable que celui d'opportuniste, s'il ne voulait dire, par une de ces malignes antiphrases familières à notre langue, les transigeants par excellence, — les intransigeants avaient pris Naquet poùr l'un des leurs, et enregistré sa reconnaissance avancée à l'actif de leur entreprise. Grandes furent la déception, la colère. Tout leur étant question de personnes, ils abominèrent Naquet. Ils tirèrent sur lui, alors surtout qu'il dirigeait *l'Indépendant* (11 janvier — 15 juin 1882), des bordées d'injures, fournies au grand arsenal qu'ils ont en commun avec leurs bons amis de la droite. Naquet s'en rit.

Réélu sans concurrent sérieux, en 1881, il fut mêlé à l'interpellation sur la Tunisie. Il est aujourd'hui inscrit à l'Union républicaine, cette accapareuse de talents : et aussi à la gauche radicale, parmi ceux du groupe qui n'ont point joué au renversement du tyran.

Et maintenant ont défilé en notre esquisse les principaux titres d'Alfred Naquet. Il en a un autre, non le moins sûr peut-être, à l'immortalité. Un titre législatif et social que nous indi-

querons à peine, tant il sonne haut et clair dans
la mémoire toute vibrante encore des contem-
porains : le rétablissement du divorce.

Il appartenait à cette justice énorme, la Révolution, de donner à la France ce droit natu-
rel qui ne fut jamais en discussion chez les
peuples antiques, cette propreté sociale élémen-
taire, dont jouissent depuis des siècles tous les
peuples d'Europe, les latins exceptés : le divorce. Il appartenait à cette parade, à cette *sotie,*
la Restauration, de reprendre à la France le divorce. Cela se fit le 18 mai 1816.

Les députés aux Chambres de Louis-Philippe s'épuisèrent en efforts louables pour net-
toyer notre code de cette sanie cléricale. Quatre
fois ils votèrent le divorce. Quatre fois la
Chambre des pairs le repoussa. Si bien que le
prisonnier de Ham, Louis Bonaparte, put écrire
à Louis-Philippe en ce noble langage dont il
avait le secret. « Qu'avez-vous fait ? Vous n'avez
même pas rétabli le divorce, ce palladium de
l'honneur des familles ! » La République de
1848 y songea bien, comme à tant de choses.
Crémieux s'en occupa, et comme les dames de la
Halle le venaient embrasser pour la peine:
« Faut-il qu'elles y tiennent ! » dit cet homme

de grand esprit qui se savait ou se croyait le
moins beau des hommes. L'ex-prisonnier de
Ham, dont l'honneur des familles était le moin-
dre souci, se garda bien de rééditer son « palladium. » Cela lui eût attiré des ennuis avec ses
curés et avec sa femme. Et tant le préjugé
pousse vite et profond des racines indestruc-
tibles en France, que seuls les nombreux inté-
ressés au divorce en invoquaient tout bas, trop
bas, le retour. La masse avait pris son parti de
la séparation de corps, et les choses eussent été
ainsi, bêtement, indéfiniment, la troisième République eût passé outre, s'il ne s'était trouvé
là un homme de cœur qui, ayant souffert, ne
voulut pas laisser plus longtemps souffrir les
autres, un homme de persuasive éloquence et
de ténacité indomptable, Naquet.

Oui, il avait beaucoup souffert. Une union
contractée par lui s'était rompue à la longue
et à l'amiable, avec quels déchirements! pour
cause de mésintelligence religieuse. L'Église
avait violé le domicile conjugal, et arra-
ché l'épouse à l'époux. Sot calcul! Pour une
femme qu'elle a prise, combien en aura-t-elle
perdues! Naquet pensa que le divorce est une
réforme indispensable, et il s'y voua.

Longue et rude fut la bataille, qui d'ailleurs n'est pas finie. Elle commença, voilà sept ans. Le 6 juin 1876, première proposition d'une loi rétablissant le divorce, par Alfred Naquet. « Je fus accueilli par des éclats de rire », nous dit-il au début de son livre, *le Divorce,* abondamment fourni de raisons et d'exemples, attachant au possible, et qui compte plusieurs éditions. Combien, je le répète, est inexpugnable en France la routine, on le voit aux rires inconscients de cette Chambre de 1876, de si libérale pourtant et si honorable mémoire. Le régime de 1816, œuvre de Basile et Carabas, était devenu au pays de 89 une habitude invétérée. Le 4 décembre, un rapport de M. Constans conclut à la non prise en considération, et cette conclusion arrivait à l'ordre du jour, quand sonna le Seize-Mai. Le 21 mars 1878, deuxième présentation du divorce, et renvoi à la 6ᵉ Commission d'initiative, nouvelle conclusion de M. Hippolyte Faure contre la prise en considération. Naquet semble vaincu. L'idée a fait du chemin. La semence a levé, au souffle de l'opinion. Le 27 mai 1879, duel de tribune entre Naquet et le rapporteur, M. Faure. La sixième est battue, le divorce est pris en considération.

Le 10 juin, une commission est nommée. Neuf voix pour, deux contre. Un député d'éloquence précise, de haute situation bourgeoise, ancien préfet de police très habile et versé dans la connaissance des vicissitudes sociales, M. Léon Renault, est nommé rapporteur. Un allié toutpuissant, l'un des maîtres de ce siècle, Alexandre Dumas fils, vient à la rescousse, et les éditions de *la Question du divorce* s'enlèvent avec une rapidité non surprenante. La bataille est gagnée... Point. La loi est repoussée le 8 février 1881. Oui, mais après trois jours de dispute ardente, et par 247 voix seulement contre 216. Si ce n'est pas le triomphe encore pour les partisans du divorce, c'est, comme le dit Naquet, une victoire à la Pyrrhus pour ses adversaires.

Aussitôt réunie la Chambre nouvelle, Naquet revient à la charge. Un rapport sommaire de la première Commission d'initiative conclut à la prise en considération; un rapport définitif, le 14 mars 1882, à l'adoption, et le rapporteur, cette fois encore, est un représentant distingué de l'opinion moyenne, M. de Marcère. Les 13, 15 et 17 mai, enfin! la Chambre vote à une majorité considérable, en deuxième lecture et avec de faibles modifications, le projet du député de Vaucluse. La deuxième lecture, la plus laborieuse, a fourni un triomphe nouveau à Léon Renault, la victoire définitive à Naquet. 336 députés contre 153 ont effacé la honte de 1816. Et maintenant, que le Sénat pèse bien sa décision prochaine. La cause du divorce est entendue et toute opposition désormais tournera contre les opposants.

Cette brave Chambre du 26 janvier, on l'avait, dès son apparition, saluée la Réformatrice. On ne se sera donc point absolument trompé! Elle comptera tout au moins une réforme à son actif, et il se trouvera demain, après-demain, et jusque dans le siècle futur, des milliers de braves gens pour la bénir un peu.

Quant à Naquet, tout assuré désormais d'un renom durable et universel, il se pourrait un temps reposer. Mais, comme son illustre ancêtre, le Juif-Errant de la légende ou l'Ahasver de Quinet, il marche, il marche toujours...

> . . . . tourmenté
> Quand il est arrêté,

vers une conquête nouvelle, scientifique, sociale ou politique. Laquelle? nous le saurons bien, puisque nous marchons à ses côtés.

Imprimerie-librairie **A. QUANTIN**, 7, rue Saint-Benoît, PARIS

JANVIER 1883 — CETTE LISTE ANNULE LES PRÉCÉDENTES.

LES
CÉLÉBRITÉS CONTEMPORAINES

LITTÉRATURE - POLITIQUE — BEAUX-ARTS — SCIENCES — ETC.

PREMIÈRES BIOGRAPHIES PUBLIÉES

DANS L'ORDRE DE PRÉPARATION DU TEXTE ET DU PORTRAIT

1.	MM. Victor Hugo	par MM.	JULES CLARETIE.
2.	— Jules Grévy	—	LUCIEN DELABROUSSE.
3.	— Louis Blanc	—	CHARLES EDMOND.
4.	— Emile Augier	—	JULES CLARETIE.
5.	— Léon Gambetta	—	HECTOR DEPASSE.
6.	— Alexandre Dumas fils	—	JULES CLARETIE.
7.	— Henri Brisson	—	HIPPOLYTE STUPUY.
8.	— Alphonse Daudet	—	JULES CLARETIE.
9.	— De Freycinet	—	HECTOR DEPASSE.
10.	— Emile Zola	—	GUY DE MAUPASSANT.
11.	— Jules Ferry	—	ÉDOUARD SYLVIN.
12.	— Victorien Sardou	—	JULES CLARETIE.
13.	— Georges Clemenceau	—	CAMILLE PELLETAN.
14.	— Octave Feuillet	—	JULES CLARETIE.
15.	— Charles Floquet	—	MARIO PROTH.
16.	— Ernest Renan	—	PAUL BOURGET.
17.	— Alfred Naquet	—	MARIO PROTH.
18.	— Eugène Labiche	—	JULES CLARETIE.
19.	— Henri Rochefort	—	EDMOND BAZIRE.
20.	— Jules Claretie	—	Mlle DE CHERVILLE.

BIOGRAPHIES EN PRÉPARATION :

MM. de Mac-Mahon — Erckmann-Chatrian — Paul Bert — Deroulède — de Lesseps — Ludovic Halévy — Spuller — Jules Verne — Lockroy — Coppee — Vacquerie — Jules Sandeau — Paul Meurice — Edmond de Goncourt — Pailleron — Taine — Tony Révillon — Edmond About — Camille Pelletan — Théodore de Banville — Clovis Hugues — De Gallifet — Duc d'Aumale — Pasteur — Jules Simon — Léon Say — De Broglie — etc , etc.

Chaque biographie avec portrait et fac-similé : **0,75 c.**

LES BIOGRAPHIES DÉJA PARUES PEUVENT S'ACQUÉRIR AU MÊME PRIX

LE PORTRAIT A L'EAU-FORTE DE CHAQUE PERSONNAGE SE VEND SÉPARÉMENT :

1° Épreuves sur fort papier à la cuve, format gr. in-8°. Prix . . . . **1 fr.**
2° Épreuves sur Chine encollé, format gr. in-4°, pouvant s'encadrer. Prix. **3 fr.**

Envoi franco contre la valeur en timbres-poste à l'éditeur A. QUANTIN, 7, rue St-Benoît, Paris

Paris. — Typ. A. Quantin.

www.ingramcontent.com/pod-product-compliance
Lightning Source LLC
LaVergne TN
LVHW050037070726
842526LV00015B/1856